防灾减灾科普系列丛书

山体滑坡和泥石流
防范与应急

应急管理部国家减灾中心　编

应急管理出版社
· 北　京 ·

图书在版编目（CIP）数据

山体滑坡和泥石流防范与应急 / 应急管理部国家减灾中心编 . -- 北京：应急管理出版社，2024

（防灾减灾科普系列丛书）

ISBN 978-7-5020-9704-2

Ⅰ.①山…　Ⅱ.①应…　Ⅲ.①滑坡—地质灾害—灾害防治—青少年读物　②泥石流—灾害防治—青少年读物　Ⅳ.①P642.22-49　②P642.23-49

中国版本图书馆 CIP 数据核字（2022）第 217733 号

山体滑坡和泥石流防范与应急（防灾减灾科普系列丛书）

编　　者	应急管理部国家减灾中心
责任编辑	曲光宇
责任校对	李新荣
封面设计	王晓武
出版发行	应急管理出版社（北京市朝阳区芍药居 35 号　100029）
电　　话	010-84657898（总编室）　010-84657880（读者服务部）
网　　址	www. cciph. com. cn
印　　刷	北京世纪恒宇印刷有限公司
经　　销	全国新华书店
开　　本	880mm×1230mm $^{1}/_{32}$　**印张**　$2^{1}/_{2}$　**字数**　45 千字
版　　次	2024 年 6 月第 1 版　2024 年 6 月第 1 次印刷
社内编号	20221548　　**定价**　38.00 元

前言

PREFACE

我国是世界上自然灾害最严重的国家之一，灾害种类多、发生频率高、分布地域广、造成损失大。据国家防灾减灾救灾委员会办公室、应急管理部发布2023年全国自然灾害基本情况相关数据显示，全年各种自然灾害共造成9544.4万人次不同程度受灾，因灾死亡失踪691人，直接经济损失3454.5亿元。

防灾减灾宣传教育是预防和减少灾害损失的有效手段。党的十八大以来，习近平总书记高度重视防灾减灾救灾工作，在2016年7月河北唐山考察时强调，提高全民防灾抗灾意识，建立防灾减灾救灾宣传教育长效机制，全面提高国家综合防灾减灾救灾能力；在2019年11月的中央政治局第十九次集体学习时强调，要牢固树立安全发展理念，完善公民安全教育体系，推动安全宣传进企业、进农村、进社区、进学校、进家庭，加强公益宣传，普及安全知识，培育安全文化；在二十大报告中强调，全面加强国家安全教育，提高各级领导干部统筹发展和安全能力，增强全民国家安全意识和素养，筑牢国家安全人民防线。

历史的经验教训告诉我们，具备充分的防灾减灾意识，掌握必要的防灾自救知识，采取科学的防灾避险行动，是减少灾害损失、保护自己和家人生命安全的有效途径。

为此，应急管理出版社小海马科普工作室专门策划了“防灾减灾科普系列丛书”之《地震防范与应急》《台风防范与应急》《洪涝防范与应急》《森林草原火灾防范与应急》和《山体滑坡和泥石流防范与应急》，由应急管理部国家减灾中心组织专家进行编写。“防灾减灾科普系列丛书”以通俗易懂的语言、翔实生动的案例，全面介绍各类自然灾害的应急避险方法和技能。

希望该套读物的出版，能够激发大家学习防灾避险知识的热情，提供掌握有效自救互救技能的渠道，为减轻自然灾害损失、保护生命财产安全贡献力量。

编者

2024 年 1 月

目次

CONTENTS

山体滑坡

一 认识山体滑坡

二 灾害预防

三　山体滑坡自救互救

泥 石 流

一　认识泥石流

二　灾害预防

山体滑坡

一 认识山体滑坡

认识山体滑坡

- 什么是山体滑坡
- 山体滑坡的特性
- 山体滑坡的要素
- 山体滑坡的危害
- 山体滑坡灾害的主要原因

（一）什么是山体滑坡

山体斜坡上的岩石或土体在自身重力或外力作用下，沿着一定的软弱面整体或分散地顺坡下滑，这种现象就叫作山体滑坡（简称滑坡）。不同地区根据叫法不同又称作“垮山”“走山”“地滑”“土溜”“山剥皮”等。

（二）山体滑坡的特性

80% 以上的滑坡、崩塌发生在雨季，尤其在降雨过程中或雨后一段时间最容易发生，属于暴雨洪涝带来的次生灾害。部分滑坡发生在各类建筑施工时和地震后，或是每年春季融雪期间。

（三）山体滑坡的要素

（1）滑坡体。滑坡的整个滑动部分，简称滑体。

（2）滑动面。滑坡体沿下伏不动的岩、土体下滑的分界面，简称滑面。

（3）滑坡床。滑坡体滑动时所依附的下伏不动的岩、土体，简称滑床。

（4）滑坡壁。滑坡体后缘与不动的山体脱离开后，暴露在外面的形似壁状的分界面。

（5）滑动带。平行滑动面受揉皱及剪切的破碎地带，简称滑带。

（6）滑坡舌。滑坡前缘形如舌状的凸出部分，简称滑舌。

（7）滑坡台阶。滑坡体滑动时，由于各种岩、土体滑动速度差异，在滑坡体表面形成台阶状的错台。

（8）滑坡周界。滑坡体和周围不动的岩、土体在平面上的分界线。

（9）滑坡洼地。滑动时滑坡体与滑坡壁间拉开，形成的沟槽或中间低、四周高的封闭洼地。

（10）滑坡鼓丘。滑坡体前缘因受阻力而隆起的小丘。

（11）滑坡裂缝。滑坡活动时在滑体及其边缘所产生的一系列裂缝，是滑坡形成过程中的一种重要的伴生现象。

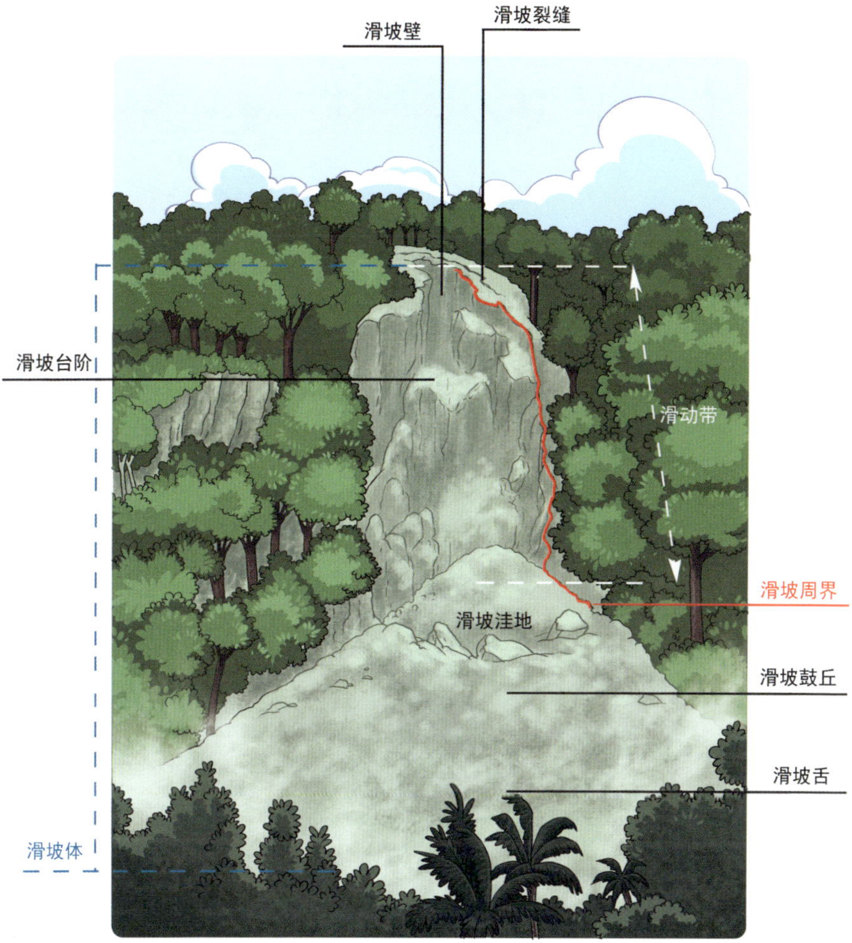

以上滑坡诸要素只有在发育完全的新生滑坡才同时具备

（四）山体滑坡的危害

山体滑坡常常给工农业生产以及人民生命财产造成巨大损失，有的甚至是毁灭性的灾难。山体滑坡最直接的危害是摧毁农田、房舍，毁坏森林、道路、水利水电设施，造成人员牲畜伤亡、停电停水断网、停工停产等重大损失。

（五）山体滑坡灾害的主要原因

山体滑坡与泥石流的形成与很多因素有关，如气象、水文、地质构造以及人类经济工程活动等，但在大多数情况下与气象因素关系最为密切。我国季风气候显著，暴雨、干旱等许多气象条件常常成为山体滑坡与泥石流的诱发因素。地壳运动的地区和人类工程活动频繁的地区也是山体滑坡多发区。山体受外界因素和作用，使产生滑坡的条件发生变化，诱发滑坡活动的外界因素越强，滑坡的活动强度则越大。具体原因有如下几类。

➤ 地质原因

（1）岩土体是产生山体滑坡的物质基础，结构松散，抗风化能力低的各类岩土都可能成为滑坡体。相对而言，发生滑坡概率较大的是结构松散、抗剪强度较差的岩土，例如黄土、页岩、凝灰岩等。

（2）雨水或地表水渗入后变软的岩土体所构成的斜坡容易发生滑坡。山体上层为松散的土石，下层为不透水的岩石，而且岩石层面和斜坡表面的倾斜方向一致，雨水渗入到不透水的基岩时受阻，上部松散土体就能顺着岩石层面滑动，形成山体滑坡。岩层倾斜方向与斜坡面倾斜方向一致的斜坡结构就是“顺向坡”，易发生山体滑坡。

（3）山坡坡体中裂缝越发育，越容易形成崩塌，陡坡上的孤石可能是发生坍塌的危岩体，随着危岩体坠落或滚落，破坏原有山体稳定结构，诱发山体滑坡。

➤ 气象水文原因

（1）暴雨是诱发山体滑坡最主要的因素，降水、融化的冰雪水、农田灌溉水深入到斜坡的土体中，增加了岩石体的重量，并使岩石软化，土体整体强度降低，在地形适宜的斜坡处就会发生山体滑坡。

（2）在江、河、湖、海、沟、水库等周围，坡度大于10°小于45°，上下部陡峭、中部平缓的斜坡，是最容易发生滑坡的地形。如遇河流冲刷、地下水活动等地表水体对斜坡坡脚的不断冲刷，也会诱发山体滑坡灾害的发生。

➤ 地震原因

地壳运动活跃的区域是山体滑坡多发地区，地震带来的外部因素影响会诱发滑坡产生。地震也会导致水位上下急剧变动，加大了坡体的压力。

➤ 人为原因

人类违反自然规律、破坏斜坡稳定条件的不合理活动也是导致山体滑坡的主要原因之一。修建铁路、公路，依山建房、建厂等，都会使坡体下部失去支撑。排放污水、农业灌溉等行为，易使水流渗入坡体，加大孔隙水压力，软化岩、土体，增大坡体容重，使坡体失去平衡而沿软弱面下滑。有些山体滑坡是经过数年缓慢变化后突然发生的。

二 灾害预防

灾害预防

- 山体滑坡发生的前兆
- 山体滑坡的识别
- 山体滑坡的预防方法

（一）山体滑坡发生的前兆

山体滑坡发生之前，会有一些异常现象发生，应正确辨别。归纳起来常见的有如下四种。

➤ 气体水体异常现象

（1）出现热、气等异常，能嗅到异常气味。

（2）在滑坡前缘坡脚处，有堵塞多年的泉水复活现象，干燥处地面突然渗水。

（3）出现泉水突然干枯，井水位突变。

（4）坡脚处流出浑浊的泉水，井水、地下水水质浑浊等类似的异常现象。

➤ 动植物异常现象

（1）老鼠乱窜，蝙蝠白天成群出现，蛇不进洞。

（2）鸡、猪、狗、牛等家禽家畜惊恐不宁。

（3）山坡上的树木发生倾斜。

➤ 山体异常现象

（1）不时能听到岩石撕裂、挤压、摩擦、碎裂的声音。

（2）山坡前缘土体隆起，这是滑坡明显地向前推挤现象。

（3）崩塌的脚部出现新的破裂形迹。

（4）崩塌的前缘掉块、坠落，小崩小塌不断发生。

（5）滑坡体四周岩体出现小型崩塌和松弛现象。

（6）斜坡局部沉陷，且该处沉陷与地下存在的洞室以及地面较厚的人工填土无关。

➤ 房屋异常现象

（1）家中门窗突然打不开。

（2）电线杆出现倾斜。

（3）房屋墙壁出现裂缝并不断扩大。

（4）山坡上的建筑物变形，且变形建筑物在空间展布有一定的规律。

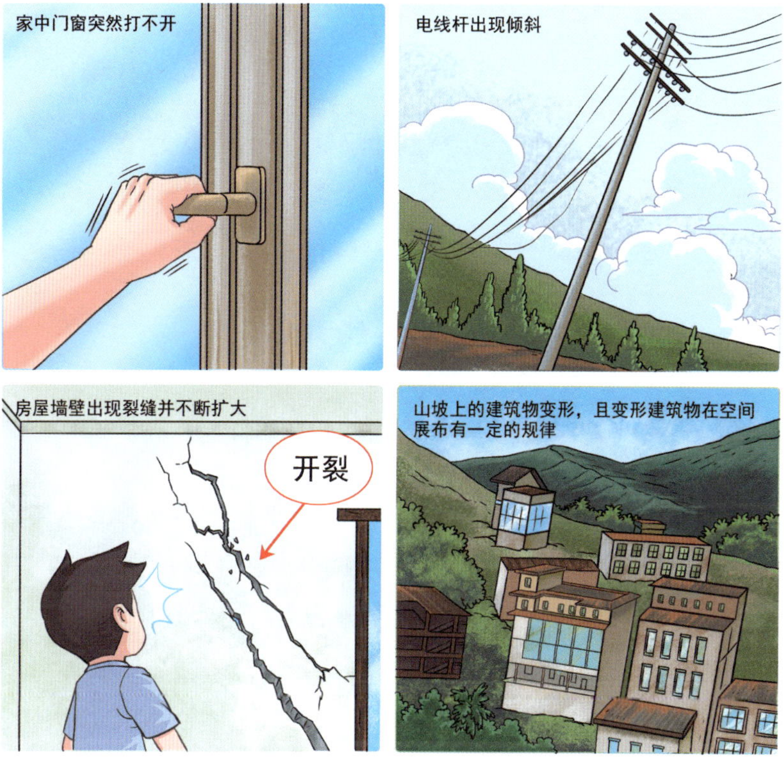

不同类型、不同性质、不同特点的滑坡，在滑动之前，会表现出不同的异常现象，但上述这些异常现象都是山体斜坡上的土体在向下运动的信号。

特别是在滑坡体前部出现横向及纵向放射状裂缝，它反映了滑坡体向前推挤并受到阻碍，已进入临滑状态，无论是水平位移量或垂直位移量，均会出现加速变化的趋势。

如果发现上述征兆，居住在山体附近或行走在易滑坡地带的人们就要采取避险措施，及早转移撤离。

（二）山体滑坡的识别

➢ 发生过山体滑坡的地段

在发生山体滑坡的前兆前，我们可以根据地质信息判断出此地是否为发生过山体滑坡的地段。

地形地貌：山体斜坡上如果有马蹄形状的台坎，形状与周围的斜坡明显不一致，或者两条沟谷的源头在斜坡上部转向并汇合，都说明这些地段可能曾经发生过山体滑坡。

地层：岩层或土体的类型、形状与周边未发生过山体滑坡的山体有着明显的不同，滑动过的岩层或土体通常层序比较无序，结构比较疏松。

地下水：山体滑坡会破坏原始山体含水层的结构，造成地下水流动路径、排泄地点的改变。

植被：斜坡上的树木出现大幅度倾斜，一般是由于斜坡曾经发生过剧烈滑动；斜坡表面树木主干朝坡下弯曲、主干上部仍保持自然垂直生长，一般是斜坡长时间缓慢滑动的结果。

➤ 正在发生山体滑坡的地段

地形地貌：斜坡上有明显的裂缝，裂缝不断加长加宽，滑坡体上的房屋出现了开裂、倾斜，坡脚有泥土挤出、垮塌频繁。

地下水：局部斜坡与整段斜坡上的泉水、渗水带分布状况不协调，或短时间内出现许多泉水或有泉水突然干涸的情况时，可以结合其他征兆一同判断。

（三）山体滑坡的预防方法

➤ 植树造林

植树造林可以使山坡上的松散土石得到保护，树木的根系可以牢牢抓住土壤，起到防止水土流失的作用，进而减少山体滑坡发生的概率。但在东南沿海地区，台风登陆不仅带来暴雨天气，大风对高大树木的摇晃作用还会加剧滑坡的发生，所以在这些地区的山坡上植树造林要选择合适的树木种类，例如矮小的灌木。

➤ 关注灾害预警系统信息

为避免遭遇山体滑坡，在山体滑坡多发季节，要注意收听收看当地天气预报和地质灾害预警信息，或密切关注所在地区的应急广播及预警警报，不要在大雨后或者阴雨天进入山区沟谷，更不适合露营。雨季时不要在陡坡、危岩突出的地方避雨和穿行，不要攀登危岩。

➤ 合理规划出游

（1）户外游玩选择安全地点。户外游玩时，不要单独行动。户外野营时，应避开沟壑，低洼地区容易受到上游灾害的冲击。也应避开水体旁陡峭的悬崖，尤其是土质坡岸，这类区域因长期受到水流冲刷、浸泡，有发生塌岸的可能性。滑坡容易发生的季节，尽量避免在山坡宿营，如必须宿营，要避开植被稀少或土壤非常潮湿的山坡。

（2）提高行车警惕性。驱车通过滑坡易发地区时，应提前规划较为安全的行驶路线，时刻警惕路上随时可能出现的各种危险，如掉落的石头、树枝等。查看道路是否存在塌方、沟壑等。

➤ 提前设定应急方案

居住在山体滑坡易发地段的群众，应在家中提前准备好必要的物资，或提前将财产和生活用品转移到应急避难场所。根据实际情况，适当地准备交通工具、通信器材、常备药品、雨具、食品和饮用水等。

➤ 科学建筑施工

（1）建房选址慎重。绝对不能建在滑坡体或容易发生滑坡的山坡上，必要时要请专业人员进行勘察评估。陡峭山体下的位置，可能会受到崩落石块的弹跳而损毁，造成人员伤亡或财产损失，因此建房要尽量远离陡峭山体。如必须建房，应在房屋和山体中间建造坚固的挡墙，房屋可以安装简易的监测报警设备。

（2）规范开采施工。不能使用大型机械开挖坡脚，土质松软的坡脚不能挖动。不能在斜坡顶部随意堆弃土石，以免降低斜坡稳定性。开挖山坡的一侧要对挖出的陡坎进行支撑。堆填土体的一侧要夯实地基，避免地基沉陷或发生滑动。发现山坡坡脚地面鼓起，要在坡脚堆积砂石镇压坡脚。

三 山体滑坡自救互救

山体滑坡自救互救

- 遇到山体滑坡时的紧急避险方法
- 山体滑坡时身处安全地带的处置方法
- 开展营救的方法
- 山体滑坡后的处置方法

（一）遇到山体滑坡时的紧急避险方法

（1）首先应保持冷静，不能慌乱，保护自身安全，不要闯入危险地区寻找损失的财产，要向山体滑坡两侧稳定地区等安全地段转移。

（2）迅速观察周围环境，当滑坡正在发生且处于滑坡体上时，向上或向下跑均是很危险的，向滑坡两侧跑为最佳选择，切忌在逃离时朝着滑坡方向跑。

（3）注意保护好头部，可利用身边的衣物裹住头部。

（4）当你无法继续逃离时，应迅速抱住身边的树木等固定物体。可躲避在结实的障碍物下。

（5）当处于滑坡体或者遇到高速滑坡时，可找一块坡度较缓的开阔地停留，但一定不要与房屋、围墙、电线杆等靠得太近。

（6）在确定自身安全得到保障后，可以马上参与营救其他人员。

要向山体滑坡两侧稳定地区等安全地段转移
切忌在逃离时朝着滑坡方向跑
注意保护好头部
应迅速抱住身边的树木等固定物体
一定不要与房屋、围墙、电线杆等靠得太近
在确定自身安全得到保障后，可以马上参与营救其他人员

（二）山体滑坡时身处安全地带的处置方法

（1）保持冷静，做好自身的安全防护工作。

（2）立刻将灾害发生的情况报告给当地应急管理部门或消防救援部门。

（3）在确保自身安全，且在专业人员指导下，有序协助避险人员转移到安全场所。

（三）开展营救的方法

➤ 正确的营救原则

（1）先联系医生后开展施救。在通信设施能与外界取得联系的时候，先拨打 120、119，寻求专业医护人员的帮助，或在医护人员的指导下开展急救。

（2）先近后远。不论是家人、亲朋好友，还是陌生人，只要附近有被埋遇险的人就应该出手相救，避免舍近求远，造成更严重的损失。

（3）先易后难。先将容易救出的人员营救出来，增加救援队伍的力量。

（4）先救“生”后救“人”。救人时，应协助将伤者口鼻中的泥土清除，保持呼吸畅通，并迅速包扎伤口，确认其生命状态基本稳定后，再营救其他人员。

（5）先救青壮年和医务工作者。扩大救援队伍，以便更高效地开展救援。

➤ 如何营救被埋者

（1）营救时不要破坏原有的支撑物，认真辨别支撑物和埋压物后再开展营救，以免新的塌落再次伤害被埋者。

（2）进行扒挖时小心使用工具，避免对被埋人员造成二次伤害。被埋者身体全部露出土地时再进行搬运，不要生拉硬拽。接近被埋者时，停止使用工具刨挖，应戴好防护手套进行扒挖和清理。

尽快使被埋者所处的封闭空间进入新鲜空气，使被埋者露出头部，清除口鼻中的泥土。如扒挖过程中出现扬尘、灰尘，应喷水降尘，或给施救人员、被救人员都戴好防护口罩，避免窒息。

如短时间内难以完全救出被埋人员，应尽量将水、药品、食物递送给被压人员，维持其生命力。

长时间被埋压的人员解救前应将获救者的眼睛蒙住，避免光线刺激。不要突然呼吸大量的新鲜空气、饮水、进食。稳定被救人员情绪，及时处理伤口后，送往就近医疗点或医院进行后续治疗。

➢ 如何救护外伤急症的获救者

（1）骨折。四肢发生骨折时，应根据情况迅速使用夹板固定，不要过松或过紧，造成无法支撑或压迫血管的情况出现。开放性的骨折，要使用相对干净的布条进行包扎止血。脊椎骨折要保证其头颈部和躯干保持平直，尽量使用担架进行转移。

（2）脑震荡。山体滑坡极易出现跌伤或被砸伤的情况，从而造成脑震荡。应让受伤者躺下休息，保证睡眠，在医生的指导下可以给予适量的止痛药、镇静剂等。

（3）其他。如遇其他不能明确判断伤情或无法应急处置的情况，应把伤者平稳转移到安全地区后，等待医护人员到来，或送往医院治疗。

（四）山体滑坡后的处置方法

（1）遇到严重创伤、突发急症时，在对伤员或病人实施必需的现场救护的同时，应立即呼叫 120，寻求急救中心的援助。

（2）如发现尚未滑动的危险区，一旦发现可疑的滑坡活动时，应立即报告相关部门。

（3）避难所一般应选择在距离家近、地势较高、交通和水电较为方便及卫生条件较好的地方。不要将避灾场地选择在滑坡的上坡或下坡，应选择在易滑坡两侧边界外围。

（4）滑坡发生后，容易发生二次滑坡和崩塌灾害，应远离现场，避免遭到二次伤害。

（5）滑坡发生后，要仔细检查房屋各种设施是否损坏，舍弃被污染的食品。在重新入住前，应注意检查屋内水、电、煤气等设施是否损坏；管道、电线等是否发生破裂和折断。如发现故障，应立刻拨打报修电话，维修结束后再入住。

泥石流

一 认识泥石流

认识泥石流

（一）什么是泥石流

泥石流是发生在山区的一种带有大量泥沙和石块的间歇性洪流。是山区常见的自然灾害。典型的泥石流由悬浮着粗大固体碎屑物并富含粉砂及黏土的黏稠泥浆组成。在适当的地形条件下，大量的水体浸透山坡或沟床中的固体堆积物质，使其稳定性降低，饱含水分的固体堆积物质在自身重力作用下发生运动，就形成了泥石流。其爆发突然、历时短暂、来势凶猛，具有极强的破坏力，是一种灾害性的地质现象。

（二）泥石流类型

➤ 按物质成分分类

（1）泥石流。由大量黏性土和粒径不等的砂粒、石块组成。

（2）泥流。以黏性土为主，含少量砂粒、石块，黏度大、呈稠泥状。

（3）水石流。由水和大小不等的砂粒、石块组成。

按流域形态分类

（1）标准型泥石流。典型的泥石流，流域呈扇形，面积较大，能明显地划分出形成区、流通区和堆积区。

（2）河谷型泥石流。流域呈狭长条形，其形成区多为河流上游的沟谷，固体物质来源较分散。沟谷中常年有水，故水源较丰富，流通区与堆积区往往不能明显分出。

（3）山坡型泥石流。流域呈斗状，其面积一般小于 1000 平方米，无明显流通区，形成区与堆积区直接相连。

➤ 按物质状态分类

（1）黏性泥石流。含大量黏性土的泥石流或泥流。其特征是黏性大，固体物质占 40%~60%，最高达 80%。其中的水不是搬运介质，而是组成物质，稠度大，石块呈悬浮状态，爆发突然，持续时间亦短，破坏力大。

（2）稀性泥石流。以水为主要成分，黏性土含量少，固体物质占 10%~40%，有很大分散性。水为搬运介质，石块以滚动或跃移方式前进，具有强烈的下切作用。其堆积物在堆积区呈扇状散流，停积后似“石海”。

按流域形态和物质状态分类是中国最常见的两种泥石流分类。除此之外还有多种分类方法。如按泥石流的成因分类有冰川型泥石流、降雨型泥石流，按泥石流流域大小分类有大型泥石流、中型泥石流和小型泥石流，按泥石流发展阶段分类有发展期泥石流、旺盛期泥石流和衰退期泥石流等。

（三）泥石流分布

泥石流一般发生在半干旱山区或高原冰川区。这里的地形十分陡峭，泥沙、石块等堆积物较多，树木很少。一旦暴雨来临或冰川解冻，大大小小的石块有了足够的水分，便会顺着斜坡滑动起来，形成泥石流。

➢ 地理分布

（1）世界泥石流分布。泥石流在地球上的分布极广，七大洲中除南极洲外，其余六大洲都有泥石流的踪迹。泥石流发生频率较高、来势凶猛的地区是欧洲阿尔卑斯山区、亚洲喜马拉雅山区、南北美洲太平洋沿岸山区和欧亚美各大洲内部的一些山区。世界上受泥石流威胁比较严重的有哥伦比亚、秘鲁、瑞士、中国、日本等国家。

（2）中国泥石流分布。泥石流的分布受地形、地质和降水条件的控制。中国泥石流分布在地形条件上表现得更为明显。泥石流在中国集中分布在两个带上，一个是青藏高原与次一级的高原与盆地之间的接触带，另一个是上述的高原、盆地与东部的低山丘陵或平原的过渡带。在上述两个带中，泥石流又集中分布在一些大断裂、深大断裂发育的河流沟谷两侧。

中国有泥石流沟 1 万多条，其中的大多数分布在西藏、四川、云南、甘肃，多是雨水泥石流，青藏高原则多是冰雪泥石流。受岩层断裂等地质构造的影响，中国黄土高原、天山、昆仑山等山前地带，太行山、长白山等地泥石流危害也很严重。

➢ 时间分布

泥石流的发生时间具有季节性、周期性等规律。泥石流灾害主要受连续降雨、暴雨等集中降雨的激发，时间规律与集中降雨时间规律相一致。泥石流的发生，一般是在降雨的高峰期或是在连续长时间降雨之后。中国高频率的泥石流主要分布在气候干湿季较明显、较暖湿、局部暴雨强度大、冰雪融化快的地区，如云南、四川、甘肃、西藏等；低频率的稀性泥石流主要分布在东北和南方地区。

（1）季节性。泥石流一般发生在多雨的夏秋季节，因集中降雨时间的差异而有所不同。四川、云南等西南地区的降雨多集中在6—9月，因此，西南地区的泥石流多发生在6—9月；西北地区降雨多集中在6、7、8三个月，尤其是7、8两个月降雨集中，暴雨强度大，因此西北地区的泥石流多发生在7、8两个月，据不完全统计，发生在这两个月的泥石流灾害约占该地区全部泥石流灾害的90%以上。

（2）周期性。泥石流的发生受暴雨、洪水的影响，而暴雨、洪水总是周期性地出现，因此泥石流的发生和发展也具有一定的周期性，且其活动周期与暴雨、洪水的活动周期大体一致。当暴雨、洪水两者的活动周期是与季节性相叠加，常常形成泥石流活动的一个高潮。

（四）泥石流的形成条件

泥石流的形成需要三个基本条件：有陡峭便于集水积物的适当地形、上游堆积有丰富的松散固体物质、短期内有突然性的大量流水来源。

➤ 地形地貌条件

在地形上具备山高沟深，地形陡峻，沟床纵坡降大，流域形状便于水流汇集。在地貌上，泥石流的地貌一般可分为形成区、流通区和堆积区三部分。上游形成区的地形多为三面环山，一面出口为瓢状或漏斗状，地形比较开阔、周围山高坡陡、山体破碎、植被生长不良，这样的地形有利于水和碎屑物质的集中；中游流通区的地形多为狭窄陡深的峡谷，沟床纵坡降大，使泥石流能迅猛直泻；下游堆积区的地形为开阔平坦的山前平原或河谷阶地，使堆积物有堆积场所。

➤ 松散物质来源条件

泥石流常发生于地质构造复杂、断裂褶皱发育、新构造活动强烈、地震烈度较高的地区。地表岩石破碎，崩塌、错落、滑坡等不良地质现象发育，为泥石流的形成提供了丰富的固体物质来源。另外，岩层结构松散、软弱、易于风化、节理发育或软硬相间成层的地区，因易受破坏，也能为泥石流提供丰富的碎屑物来源。一些人类工程活动，如滥伐森林造成水土流失，开山采矿、采石弃渣等，往往也为泥石流提供大量的物质来源。

➢ 水源条件

水既是泥石流的重要组成部分，也是泥石流的激发条件和搬运介质（动力来源），泥石流的水源有暴雨、冰雪融水和水库溃决水体等形式。我国泥石流的水源主要是暴雨、长时间的连续降雨等。

（五）泥石流的诱发因素

泥石流的发生虽然有一定的自然原因，但近年来人为因素诱发的泥石流数量正在不断增加。由于工农业生产的发展，人类对自然资源的开发程度和规模也在不断发展，有些泥石流的发生，就是由于人类不合理的开发而造成的。

➢ 自然原因

岩石的风化是自然状态下既有的，在这个风化过程中，有氧气、二氧化碳等物质对岩石的分解，有因为降水中吸收了空气中的酸性物质而产生的对岩石的分解，有地表植被分泌的物质对土壤下的岩石层的分解，也有霜冻对土壤形成的冻结和溶解造成的土壤的松动。这些原因都能造成土壤层的增厚和土壤层的松动。

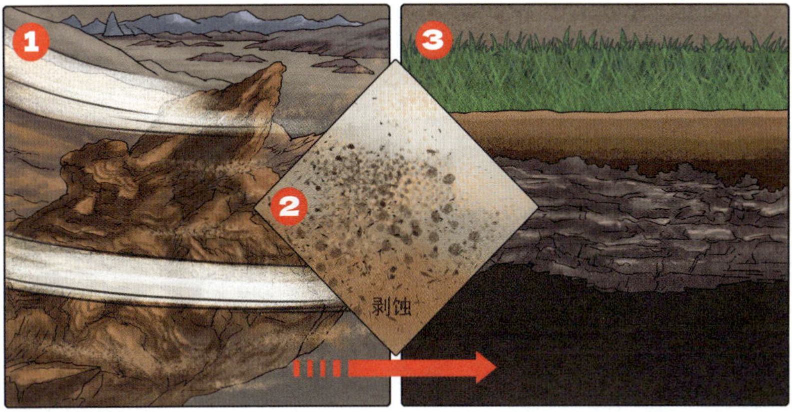

岩石的分解　　造成土壤层的增厚

▶ 不合理开挖

有些泥石流是因为修建铁路、公路、水渠以及其他工程建筑的不合理开挖，破坏了山坡表面而形成的。不合理的弃土、弃渣、采石等行为也是形成泥石流的重要原因。

▶ 滥伐乱垦

滥伐乱垦会使植被消失，山坡失去保护、土体疏松、冲沟发育，大大加重水土流失，进而山坡的稳定性被破坏，崩塌、滑坡等不良地质现象发育，结果就很容易产生泥石流。

➢ 次生灾害

这类泥石流是由于地震灾害过后经过暴雨或是山洪稀释大面积的山体后发生的洪流。

地震灾害过后经过暴雨或是山洪稀释大面积的山体后发生的洪流

（六）泥石流的危害

泥石流常常具有爆发突然、来势凶猛迅速的特点，并兼有崩塌、滑坡和洪水破坏的双重作用，其危害程度比单一的崩塌、滑坡和洪水的危害更为广泛和严重。

➢ 对居民点的危害

泥石流最常见的危害之一，是冲进乡村、城镇，摧毁房屋、工厂、企事业单位及其他场所设施，淹没人畜、毁坏土地，甚至造成村毁人亡的灾难。

➢ 对公路、铁路的危害

泥石流可直接埋没车站、铁路、公路，摧毁路基、桥涵等设施，致使交通中断，还可造成正在运行的火车、汽车颠覆，造成重大的人身伤亡事故。有时候泥石流汇入河道，会引起河道大幅度变迁，间接毁坏公路、铁路及其他构筑物，甚至迫使道路改线，造成巨大的经济损失。

➢ 对水利、水电工程的危害

主要是冲毁水电站、引水渠道及过沟建筑物，淤埋水电站尾水渠，并淤积水库、磨蚀坝面等。

➢ 对矿山的危害

主要是摧毁矿山及其设施，淤埋矿山坑道、伤害矿山人员、造成停工停产，甚至使矿山报废。

二 灾害预防

灾害预防

- 泥石流预测预报
- 泥石流预警
- 泥石流来临有何预兆
- 泥石流灾害防御

（一）泥石流预测预报

泥石流预测预报是通过提前判断泥石流发生的时间、地点、规模、危害范围以及可能造成的损失，使危险区的群众及时得到预警信息，提前采取预防措施，达到保证人民群众生命财产安全、减轻灾害损失的目的。具体来讲，也就是对泥石流可能发生的地点（区域或者沟谷）、时间（未来 1 小时、1 天、1 年或者更长时间）和特征（规模、流量、危害范围等）进行预先分析判断和结果的发布。现阶段通常也把泥石流预测预报简称为预报。

泥石流预报往往指短期预报，中长期的预报大多是根据已有历史资料分析的大致周期，结合空间预报进行的。大部分泥石流的爆发与降水总量和强度密切相关，因此可以通过气象预报间接对泥石流进行预报。

泥石流预测预报涉及多方面的内容，根据研究的侧重点和预测预报的依据，可分为区域预报和单沟预报、机理预报和统计预报、长期预报、中期预报、短期预报和警报等。目前，按时间和按范围的泥石流预测预报较为普遍。

（二）泥石流预警

预警具有更强的针对性，它是在灾害已经发生但尚未造成破坏之前发出警报，利用短暂的时间差及时疏散人群。对泥石流灾害进行预警是一项十分复杂的工作，仅仅依靠单一的监测方法难以取得理想效果。所以，在实际工作中，人们通常需要在同一条泥石流沟内同时安装雨量监测仪、次声监测仪、泥位监测仪、土壤含水量监测仪、视频监测仪等多种仪器，以实现对泥石流全方位、多因素的监测，从而提高预警的准确度。此外，在每年汛期，还需要专业人员在泥石流易发区进行巡查，以便及时发现潜在的灾害征兆。

➤ 临界雨量预警

强降雨是诱发泥石流灾害的最重要因素，但究竟下多大的雨才会造成泥石流灾害则因地而异。简单来说，在泥石流预警系统中，降雨量只是其中的一个输入因子，输出值则是泥石流的发生概率，但这两者之间并非简单的线性关系。通常的做法是，根据引发泥石流灾害的历史降雨数据，统计分析之后确定一个阈值，即临界雨量预警，并以此为依据建立预警模型，当降雨量达到或接近阈值时就及时发出预警信号。

➢ 次声波预警

次声波是频率低于20赫兹的声波。泥石流在流动过程中，由于岩石破裂、相互碰撞以及流动物质与沟道之间的撞击和摩擦，会产生具有特定频率、振幅、波形的次声波，使用专业的次声监测仪来捕获到这些次声信号，可以提前知晓泥石流暴发，从而达到预警的目的。

➢ 群测群防的作用

大力开展灾害信息员培训，发放明白卡，弄清灾害隐患点，加强值班值守。人们可以通过监测泥石流沟中的土壤含水量、泥水位等因素，或者通过视频监控观察泥石流的运动状况，来获知泥石流的发生与发展情况。

（三）泥石流来临有何预兆

➢ 河水异常

河流突然断流或水势突然加大，沟槽内河水变浑浊，河水里有较多柴草、树枝，如此可以判断上游形成泥石流的可能性较大。

➢ 异常响声

如果在山上听到沙沙声音，但是却找不到声音的来源，这可能是沙石的松动、流动发出的声音，是泥石流即将发生的征兆；如果山沟或深谷传来类似火车轰鸣或闷雷般的声音（明显不同于风雨、雷电、爆破等声音），或有轻微的震动感，说明上游区域泥石流正在形成，必须迅速离开谷底等危险地段。

➢ 山体异常

山体出现很多白色水流，山坡变形、鼓包、裂缝，甚至坡上物体出现倾斜。

➤ 其他异常情况

干旱很久的土地开始积水，道路出现龟裂，树木、篱笆等突然倾斜，或是雨刚停下来，溪水水位却急速下降等。

（四）泥石流灾害防御

（1）修建桥梁、涵洞，从泥石流沟的上方跨越通过，让泥石流在其下方排泄，用于避防泥石流。

（2）修隧道、明硐或渡槽，从泥石流的下方通过，让泥石流从其上方排泄。

（3）采取防护工程。对泥石流易发区内的桥梁、隧道、路基及泥石流集中的山区、变迁型河流的沿河线路或其他主要工程措施，作一定的防护建筑物，用以抵御或消除泥石流对主体建筑物的冲刷、冲击、侧蚀和淤埋等危害。防护工程主要有护坡、挡墙、顺坝和丁坝等。

（4）采取排导工程。其作用是改善泥石流流势，增大桥梁等建筑物的排泄能力，使泥石流按设计意图顺利排泄。排导工程主要有导流堤、急流槽、束流堤等。

（5）采取拦挡措施。其作用是控制泥石流的固体物质和暴雨、洪水径流，削弱泥石流的流量、下泄量和能量，以减少泥石流对下游建筑工程的冲刷、撞击和淤埋。拦挡措施主要有拦渣坝、储淤场、支挡工程、截洪工程等。

（6）进行小流域综合治理。在水土流失严重的山区，要防治泥石流首先是搞好水土流失综合治理工作，以小流域为单元，全面规划，因地制宜，因害设防，实行山、水、林、田、路综合治理。

（7）对山区险户进行搬迁或工程防护。对泥石流易发区内的险村、险户进行划定，对有条件的险村险户进行整体性搬迁，对于暂时不具备搬迁条件的，采取建设挡水坝、护村坝等防护措施进行工程防护。

（8）开展泥石流的监测。利用物联网及多传感器自组网系统，针对泥石流发生及流动过程中所产生的地声、次声、流

速、流量、泥位等数据变化，建立泥石流自动监测预警系统，对监测数据进行存储、管理、统计、分析和发布，从而在泥石流发生前、发生时、发生后进行层层预警，保证预警信息的准确，提高区域地质灾害监测预警技术水平，为防灾减灾提供技术支持。

（9）在山区进行城镇、公路、铁路、工厂及各种设施的建设前，开展泥石流调查与评价，避开在泥石流高发区建设。对已选定的建设区和工程地段开展地质环境评价工作，采取必要的防治措施预防泥石流灾害。

（10）保护生态环境，预防新的泥石流灾害发生。

（11）制定泥石流应急预案、建立应急避难场所、完善应急物资保障、开展防灾减灾科普知识宣传教育等。

三 泥石流防范与逃生

泥石流防范与逃生

- 泥石流发生时，身处非滑坡山体区怎么办
- 沿山谷徒步行走时遇到泥石流怎么办
- 驱车从发生泥石流地区经过时应怎么办
- 在野外劳作或游玩时如何避免遭遇泥石流
- 什么地方可以躲避泥石流
- 注意事项

（一）泥石流发生时，身处非滑坡山体区怎么办

★及时报告对减轻灾害损失非常重要

（1）不要慌张，尽可能将灾害发生的详细情况迅速报告相关政府部门和单位。

（2）在上游地区的人，如果发现了泥石流前兆，应立即设法通知泥石流可能影响的下游村庄、学校等，以便及时躲避。

（3）做好自身的安全防护工作。

（4）不要认为与自己无关便不予报告。

（5）不要只身前去抢险救灾。

（二）沿山谷徒步行走时遇到泥石流怎么办

★沉着冷静，不要慌乱

（1）要跑到开阔地带，尽可能防止被埋压。

（2）要立即向坚固的高地或泥石流的旁侧山坡跑去，不要在谷地停留。

（3）要马上向与泥石流呈垂直方向一边的山坡上面爬，爬得越高越好，跑得越快越好。

（4）可以就近选择树木生长密集的地带逃生。

（5）不要选择在陡峭的山坡下或爬到树上躲避，应到平整安全的高地躲避。

（6）不要向泥石流的流动方向走。

（7）不要贪恋财物，要立即丢弃身上除通信工具外的行李。

（8）不要不知所措。

（三）驱车从发生泥石流地区经过时应怎么办

★严密观察，注意安全行驶

（1）注意路上随时可能出现的各种危险，如掉落的石头、树枝等。

（2）查看清楚前方道路是否存有塌方、沟壑等，以免发生危险。

（3）不要不探明情况，便驱车通过。

（4）不要刚刚发生滑坡，便通过此地区。

（四）在野外劳作或游玩时如何避免遭遇泥石流

（1）密切关注暴雨和泥石流预报预警，积极做好防范准备，留心周围环境，选好躲避路线，特别警惕远处传来的土石崩落、洪水咆哮等异常声响。

（2）去野外游玩或劳作前要了解掌握当地的气象趋势及灾害预报。

（3）在夏季等泥石流多发季节，不要到易发泥石流的地区进行农事活动和游玩。

（4）雨季不要在野外沟谷中长时间停留或行走，下雨天在沟谷中劳动时不要停留过长时间。

（5）穿越沟谷时要认真观察四周情况，不要贸然过沟，要确定安全后穿越沟谷。

（6）一旦听到连续不断雷鸣的响声，应立即向两侧山坡上转移。

（7）雨季来临时，不要在山谷和河沟底部露营，尽可能避开河（沟）道弯曲的凹岸或地方狭小高度又低的凸岸。露营时应避开在有滚石和大量堆积物的山坡下面，也不要在有大量堆积物的山坡下避风、休息。平整的高地不失为夜晚露宿的好地方，不要认为山谷温暖，就在山谷中露营。

（8）不要刚下过雨便到野外游玩。

（9）当发现有泥石流迹象时，应立即观察地形，向沟谷两侧山坡或高地跑，不要躲在有滚石和大量堆积物的陡峭山坡下面，也不要停留在低洼的地方。

（五）什么地方可以躲避泥石流

（1）注意应急避难场所标识，安全的高地是最好的避灾场所。

（2）遭遇泥石流时，迅速往两侧高处转移，越高的地方越安全。

（3）不要站在泥石流岸边观看。

（4）不要躲在河谷旁边的大石头后面。

（六）注意事项

（1）逃离时应注意保护好头部，可利用身边的衣物裹住头部。

（2）注意路上随时可能出现的各种危险。

（3）应在隐患区附近提前选择几处安全的避难场地。

（4）不要在危险期未过就返回发生泥石流的地区居住，以免再次发生灾害。在确认自家的房屋远离泥石流区域、完好安全后，方可进入生活。